Viajamos tan lejos…

Viajamos tan lejos...

Colección Abre los ojos

© 2017 Quarto Publishing plc
© de esta edición: Editorial Amanuta Ltda, 2019
Santiago, Chile
www.amanuta.cl

Primera publicación en el año 2017 por Words & Pictures.
Parte de Quarto Group
The Old Brewery, 6 Blundell Street, Londres, N7 9BH

Traducción al español: Diego Rojas
Segunda edición: diciembre 2019
Nº registro: 282.285
ISBN: 978-956-364-050-2
Impreso en China

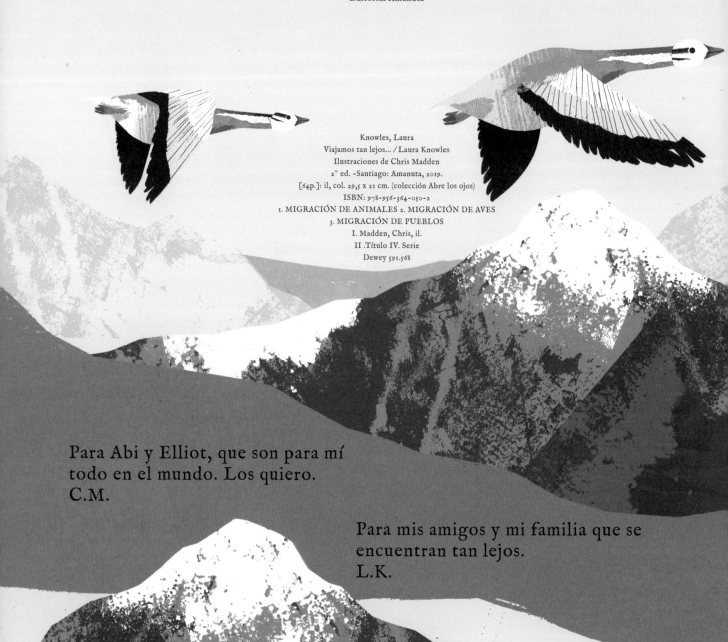

Knowles, Laura
Viajamos tan lejos... / Laura Knowles
Ilustraciones de Chris Madden
2º ed. -Santiago: Amanuta, 2019.
[64p.]: il, col. 29,5 x 21 cm. (colección Abre los ojos)
ISBN: 978-956-364-050-2
1. MIGRACIÓN DE ANIMALES 2. MIGRACIÓN DE AVES
3. MIGRACIÓN DE PUEBLOS
I. Madden, Chris, il.
II .Título IV. Serie
Dewey 591.568

Para Abi y Elliot, que son para mí
todo en el mundo. Los quiero.
C.M.

Para mis amigos y mi familia que se
encuentran tan lejos.
L.K.

Viajamos tan lejos…

Laura Knowles
Ilustraciones de Chris Madden

editorial amanuta
COLECCIÓN ABRE LOS OJOS

CONTENIDOS

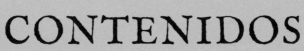

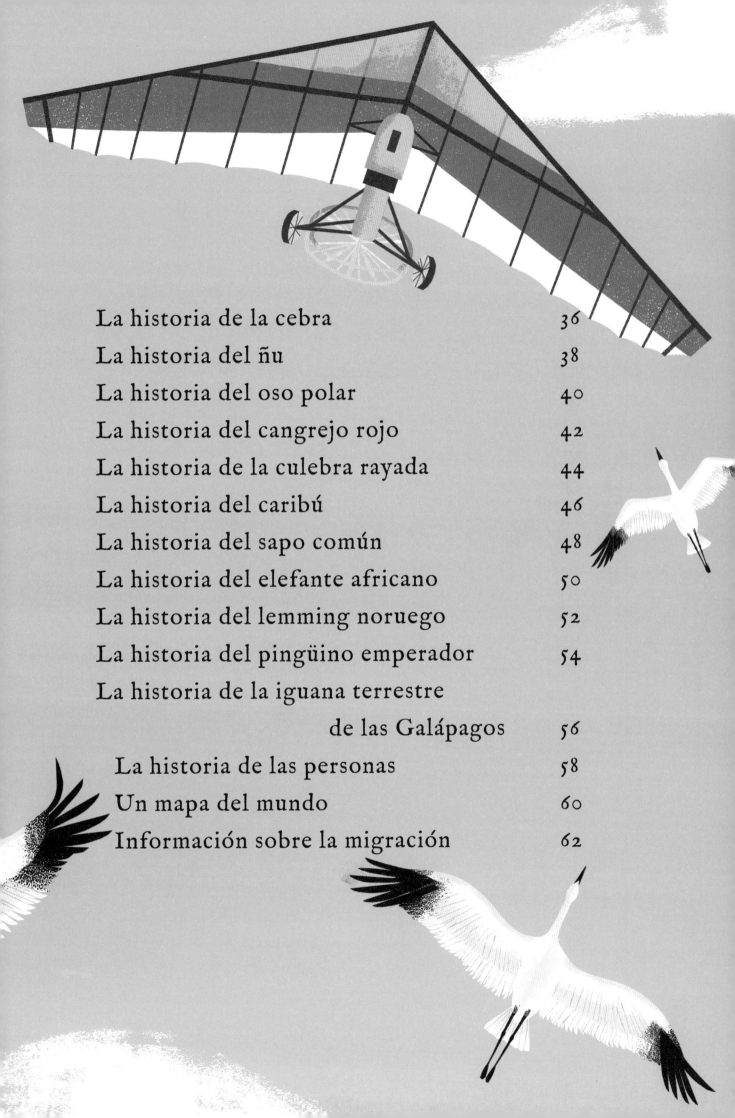

Una historia real

Cada historia en este libro es real. Hay historias increíbles de viajes animales; bajo el agua, a través del aire y por la tierra.

Éstos son los tipos de viajes que llamamos migraciones.

Comúnmente, los animales migran con el cambio de las estaciones. Algunos se desplazan para encontrar comida, mientras que otros buscan el lugar perfecto para aparearse y criar a sus bebés.

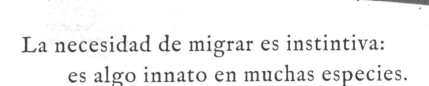

La necesidad de migrar es instintiva: es algo innato en muchas especies.

Este libro contiene las historias de algunos de los animales migratorios de la Tierra, pero hay muchos otros que también viajan distancias inimaginables cada año.

La próxima vez que veas a un ave volar sobre ti, solo piensa: ¡puede que haya volado todo el camino desde el Ártico!

Somos las

Tortugas laúd.

Somos nadadoras oceánicas sin precedentes.

Viajamos hasta 10.000 kilómetros en busca de deliciosos enjambres de medusas.

Nadie sabe cómo, pero después de todo nuestro andar por el océano, podemos encontrar el camino de vuelta a la misma playa donde nacimos años atrás, listas para poner nuestros propios huevos.

9

Somos las **Ballenas jorobadas**.

Nadadoras de largas distancias,
somos las trotamundos de los océanos.

En el invierno vamos a los
cálidos mares tropicales.

Es el lugar perfecto
para que nazcan nuestros bebés.

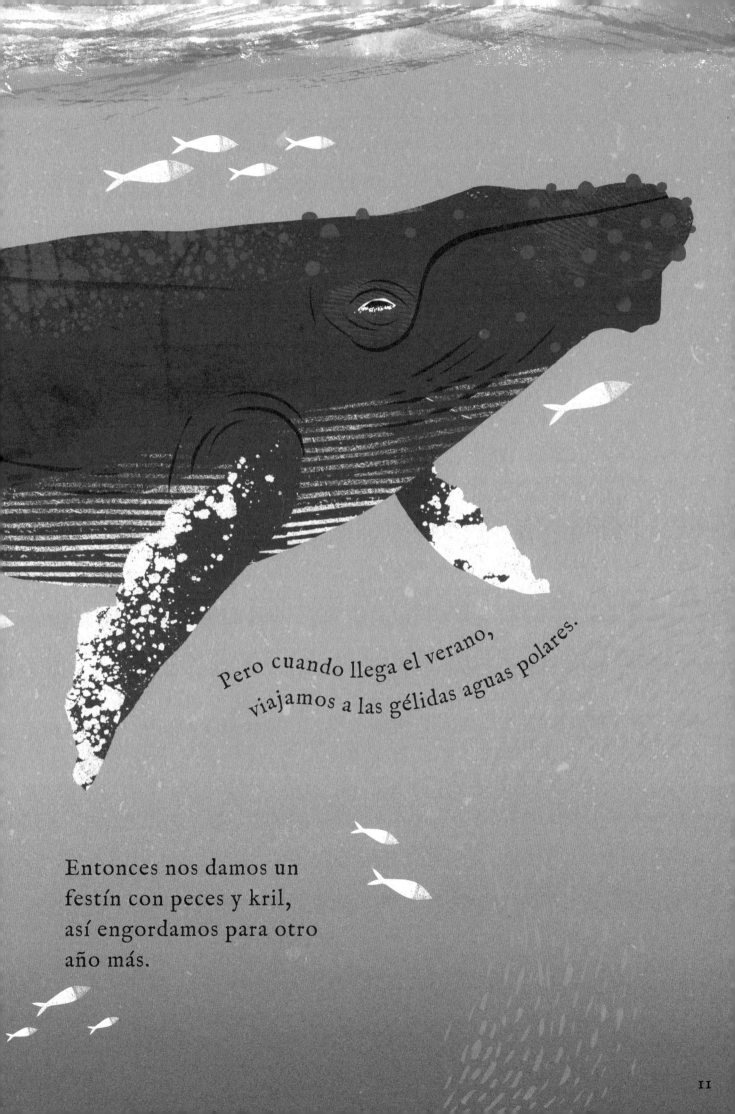

Pero cuando llega el verano,
viajamos a las gélidas aguas polares.

Entonces nos damos un
festín con peces y kril,
así engordamos para otro
año más.

Somos los **Salmones rojos,**
los escurridizos y relucientes salmones.

Hemos cruzado el océano, haciéndonos camino
hacia nuestro hogar en los ríos en los que nacimos.

¡Ahora debemos nadar contra la corriente,

subiendo **cascadas,**

a través de los **rápidos,**

esquivando **osos hambrientos!**

Cuando lleguemos a los arroyos tranquilos y poco profundos, pondremos nuestros huevos.

Nuestro viaje habrá terminado, pero nuevos salmones nacerán y comenzarán su propia aventura hacia el océano.

Somos las **Langostas rojas del Caribe**.

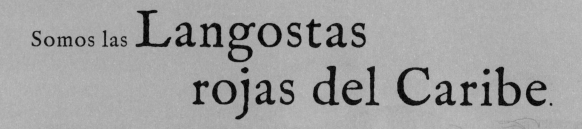

Vivimos en aguas costeras poco profundas.
Nos escondemos en grietas y fisuras.
Nos gustan los mares cálidos y tranquilos.

Pero a medida que se acerca el invierno,
también llegan las tormentas.

¡Rápido!

Debemos alcanzar aguas
profundas, donde el agua
no esté agitada.

Nuestro viaje es un verdadero
espectáculo. Hacemos una larga fila de
reptadores rojos en el fondo del mar.

¿Cómo encontramos el camino?
¡Tenemos nuestra propia brújula magnética!

Somos los **Elefantes marinos**,
los aventureros oceánicos con salvavidas de grasa.

Hacemos dos migraciones cada año.

Durante el invierno, damos a luz a nuestras crías en
las playas de México y California.

Durante tres meses vivimos
consumiendo solo nuestra grasa.
Adelgazamos y nos da mucha hambre.

Cuando llega la primavera, nos ponemos en
marcha hacia el Pacífico Norte a buscar comida.

¡Nadamos! ¡Comemos!

¡Mmm! ¡Qué bien se siente volver a estar gordo!

En verano, viajamos de vuelta a las playas,
y allí mudamos nuestro pelo y piel.

¡Y partimos nuevamente! Regresamos al norte
helado a comer antes de que llegue el invierno.

Somos las **Anguilas europeas**.

Somos las nadadoras largas y resbalosas.

La mayor parte de nuestras vidas la vivimos en ríos.

Crecemos,
envejecemos,
esperamos.

A medida que alcanzamos la costa salada, nuestros ojos se agrandan y nuestra piel oscura se pone de un tono plateado brillante.

Nadaremos todo el camino que cruza el imponente Océano Atlántico, hasta que alcancemos el Mar de los Sargazos.

Ahí pondremos nuestros huevos.

De ellos saldrán larvas.

Eventualmente, las larvas irán a la deriva de vuelta a los ríos y se convertirán en jóvenes anguilas, listas para crecer, envejecer y esperar.

Somos los **Colibríes de garganta de rubí,** pequeños montoncitos de energía a base de néctar.

A pesar de que pesamos menos que una moneda, podemos volar distancias tan largas como 12.000 kilómetros cada año.

En primavera, nos desplazamos hacia el norte por el este de América del Norte, siguiendo a las flores.

En verano, construimos nuestros nidos y criamos a nuestros polluelos.

En otoño, nuevamente debemos encontrar comida. Viajamos al sur al calor de América Central.

Somos los **Albatros viajeros,**
los jinetes del viento con largas alas.

Sobrevolamos las olas, surcamos los cielos.

Cruzando el tempestuoso Océano
Antártico, manteniéndonos en
vuelo durante horas.

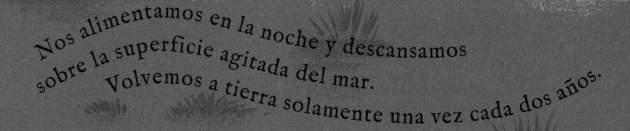

Nos alimentamos en la noche y descansamos
sobre la superficie agitada del mar.
Volvemos a tierra solamente una vez cada dos años.

Cada uno de nosotros encuentra
a su pareja y, con alas extendidas,
bailamos la danza del albatros.

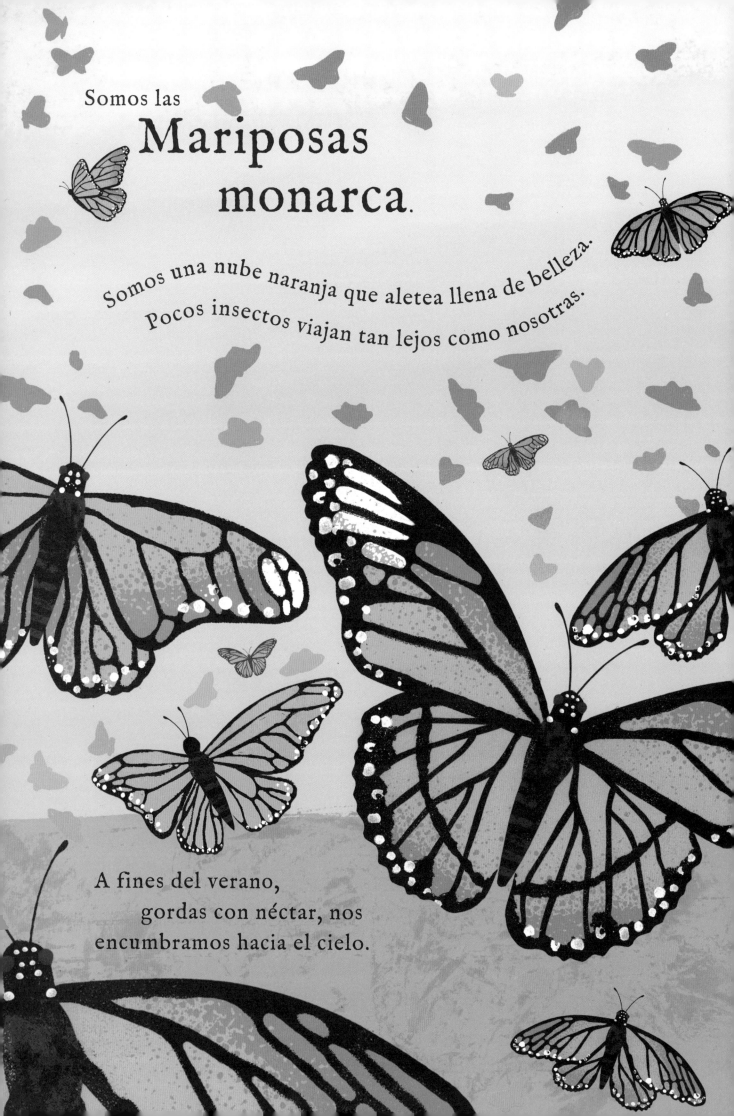

Somos las
Mariposas monarca.

Somos una nube naranja que aletea llena de belleza.
Pocos insectos viajan tan lejos como nosotras.

A fines del verano,
gordas con néctar, nos
encumbramos hacia el cielo.

Desde Canadá y el norte de Estados Unidos
emprendemos el rumbo por las costas de
California y México: millones de mariposas,
todas viajando hacia el sur.

Cuando llegamos a nuestro hogar de invierno,
nos colgamos de los árboles en grupos
y dormimos hasta la primavera.

25

Somos las **Grullas blancas**,
las voladoras de color fantasmal.

Viajamos a lo largo de América del Norte,
volando hacia el sur en el invierno.

Alguna vez los humanos fueron nuestros
enemigos, y quedaron pocas de nosotras.
Nos cazaron y nuestro hábitat fue arrebatado.

Ahora, los humanos son nuestros ayudantes.

Requiere cuidado, requiere tiempo, pero
nos están enseñando las rutas por las que
las grullas alguna vez volaron.

Seguimos la nave ultraligera que
guía a las grullas blancas a través
del cielo amplio y azul.

Somos los
Murciélagos de la fruta.

¡Somos los voladores de la noche y los devoradores del dulce bocadillo!

Vivimos en grupos de miles, colgados en los árboles de África.

Cuando los árboles del parque nacional de Kasanka
están llenos de frutas, llegamos de todas partes al festín.

¡No unos pocos, no una bandada, sino el colosal número
de ocho millones de murciélagos!

Somos los **Ánsares indios**.
¡Nuestro vuelo es el que llega más alto!

Arriba, en las nubes, el aire es frío y está enrarecido.

Hay poco oxígeno que respirar,
pero aun así seguimos nuestro camino.

Agitamos nuestras alas durante horas,
mientras cruzamos las más altas montañas.
Pasan y pasan las noches y seguimos en vuelo.

Nuestras alas aletean.
Aletean.
Aletean

¡Mira hacia abajo!
¡Se pueden ver los Himalaya!

Somos las **Langostas del desierto**, un mar de saltamontes tragones.

Normalmente, solo somos unas pocas, viviendo solas.

Pero cuando llega la lluvia y los cultivos están frescos y verdes, nos multiplicamos repentinamente.

¡En un instante,
hay millones y millones de nosotras!
¡Una niebla zumbadora de insectos!

Cuánta hambre tenemos;
volamos buscando comida.

Donde sea que viajemos, dejamos los campos vacíos.

Somos los
Gaviotines árticos,
los bailarines diurnos.

Perseguimos el verano
de polo a polo.

En el Ártico criamos a
nuestros polluelos.

Luego volamos hacia el sur, con ellos, hacia la Antártida.
Ahí nos damos un festín con peces y kril.

Somos pequeños, somos veloces,
recorremos el mundo.

Somos las **Cebras**,
un mar de rayas en Serengueti.

No paramos de movernos durante toda nuestra vida.

Nuestras pezuñas nos llevan a la búsqueda
de comida nueva.

Con nuestros dientes y estómagos fuertes,
logramos ingerir el pasto duro y seco.

Tras nosotras, los brotes verdes y frescos
quedan para los ñus y las gacelas.

Somos los Ñus de las llanuras africanas.

Seguimos las lluvias porque allí
el pasto crece verde.

38

Sobre la tierra:
¡cuidado con los leones!

Cruzando el río:
¡atento con los cocodrilos!

Golpeteando nuestros cascos, seguimos nuestra marcha; tropezando, agitándonos, protegiéndonos en la manada.

¡Ñus, adelante!
¡De a millones andamos!
¡Tan lejos como puedas ver, allí estamos!

Somos los **Osos polares**.

Hemos estado aguardando el invierno.

Hemos esperado que se congele el mar.

Ahora podemos cruzar las capas de hielo.

Podemos cazar en el helado mar ártico.

A medida que viajamos, nuestras crías se harán fuertes.

Aprenderán a sobrevivir en este mundo blanco y frío.

Pero si el mundo se hace más caluroso, ya no habrá más hielo.
Si no hay hielo no tendremos donde cazar.

¿Cómo sobreviviremos en un mundo húmedo y caliente?

Somos los **Cangrejos rojos,**
los cangrejos terrestres, los soberanos
de la Isla de Navidad.

Saboreamos las hojas y las semillas a nuestro paso
por los suelos de los bosques tropicales húmedos.

Nos toma una semana llegar a la costa; olas
de color rojo se encuentran con olas de color
azul. ¿Por qué hemos venido hasta aquí?

Para poner nuestros huevos en la marea
alta y dejar que se los lleve el agua salada.

Cuando llegan las lluvias
de otoño, es hora de irse.

¡Una carrera roja
y lateral hacia el mar!

Somos las 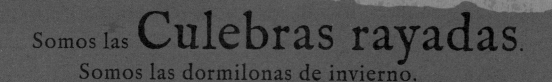Culebras rayadas.
Somos las dormilonas de invierno.

Cada otoño ingresamos a nuestras cuevas
bajo tierra. Cientos de serpientes apretujadas
durante la temporada fría.

Cuando llega la primavera, salimos para calentar
nuestra piel bajo el sol.

¡Estamos tibias!
¡Estamos despiertas!
Estamos listas para aparearnos.

Ahora es el momento de reptar de
vuelta a nuestro hogar de verano.

Vivimos resguardadas bajo el pasto y los
arbustos, cerca de estanques y arroyos.

No viajamos tan lejos como otros animales,
pero realizamos nuestro viaje con toda
puntualidad. ¡Una alfombra de serpientes
tomando sol es un verdadero espectáculo!

45

Somos los **Caribús** de pelaje grueso,
los viajeros del norte helado.

Cada año viajamos más lejos que cualquier otro
animal en cuatro patas, en líneas largas y sinuosas.

Con nuestras cascos anchos y acolchados, caminamos
sobre las huellas de unos y otros para mantenernos
fuera de la nieve profunda.

En primavera, vamos al norte para pastar en las
praderas exhuberantes. En otoño, regresamos
al sur donde raspamos la nieve para mordisquear liquen.

Pronto reiniciaremos, nuevamente, nuestro viaje.

Somos los **Sapos comunes**.

Viajamos por jardines y campos,
arroyos y caminos.

Cada año, regresamos para reproducirnos en el
estanque donde nacimos de los huevos de sapo.

Marchamos durante la noche fría y húmeda.

Marchamos cruzando cualquier obstáculo.

Marchamos juntos, una multitud de sapos.

Somos los **Elefantes africanos,**
los gigantes de la sabana.

Caminamos
a través de pastos altos,

fsh, fsh.

Marchamos sobre
la tierra seca, pam

pam.

Nuestra matriarca guía el camino. Es la hembra
más vieja y más fuerte. Ella recuerda dónde
encontrar agua y comida.

Durante la estación seca, las pozas están vacías.
Muchas familias sedientas se juntan en una gran manada.

Marchamos hacia adelante, hasta
finalmente alcanzar el río.

Somos los Lemmings noruegos.

Somos excavadores peludos y trabajadores.

Vivimos en las zonas montañosas y las tundras de Noruega.

Roemos, excavamos, comemos, dormimos y tenemos bebés.

Tenemos montones y montones de bebés.

Algunos años, cuando abunda la comida, nacen demasiados bebés.

¡Demasiados lemmings!

¡Necesitamos más espacio! ¡Más comida!

¿Adónde iremos?

Nos apuramos en salir de nuestras madrigueras y nos vamos, buscando un nuevo hogar.

Somos los Pingüinos emperadores.
Vivimos en un mundo congelado.

Ven con nosotros mientras lentamente arrastramos los pies sobre los témpanos.

Nuestros polluelos esperan ser alimentados.

Nuestros compañeros esperan su turno para emprender la larga marcha de vuelta al mar para atrapar peces.

¡Casi llegamos!

¡Podemos ver nuestra colonia!

¡Puntos negros sobre un lienzo blanco!

Somos las

Iguanas terrestres de las Galápagos.

Somos los dragones buscadores de calor
y excavadores de cenizas.

Vivimos en los campos de lava de Fernandina,
una isla pequeña y lejana.

Cuando llega el momento de poner
nuestros huevos, comenzamos el largo y
difícil ascenso por la ladera del volcán.

Ahí excavamos nuestros nidos
en la suave ceniza.
El calor del volcán mantendrá nuestros
huevos tibios hasta que nazcan las crías.

Somos las **Personas** alrededor del mundo.
Viajamos a muchos lugares por muchas razones.

Viajamos para encontrar aventuras.
Viajamos para encontrar respuestas.

Viajamos para encontrar comida.
Viajamos para encontrar libertad.

Viajamos para encontrar seguridad.
Viajamos para encontrar amor.

Somos las personas.
Viajamos tan lejos.

Un Mapa del Mundo

¿Puedes encontrar algunos de los viajes
realizados por los animales de este libro?

Océano Ártico

América
del Norte

Océano
Atlántico Norte

Océano
Pacífico Norte

Ecuador

América
del Sur

Océano
Pacífico Sur

Océano
Atlántico Sur

Océano
Antártico

Océano Ártico

ropa

Asia

Océano
Pacífico Norte

África

Océano Índico

Oceanía

Océano
Antártico

Antártida

Información de las Migraciones

Las increíbles distancias que viajan cada uno
de los animales que aparecen en este libro.

Migraciones acuáticas

TORTUGA LAÚD

DISTANCIA VIAJADA: 16.000 km cada año.
MIGRACIÓN: entre áreas cálidas de apareamiento
y áreas frías de alimentación.
ALCANCE: principalmente aguas tropicales y
templadas de los Océanos Atlántico, Pacífico e
Índico, junto con el Mar Mediterráneo.

LANGOSTA ROJA DEL CARIBE

DISTANCIA VIAJADA: hasta 50 km en cada
dirección.
MIGRACIÓN: de aguas costeras poco profundas a
aguas más profundas en invierno.
ALCANCE: El Caribe, Golfo de México y oeste
del Océano Atlántico desde Carolina del Norte,
Estados Unidos a Brasil.

BALLENA JOROBADA

DISTANCIA VIAJADA: 8.200 km en cada dirección.
MIGRACIÓN: de áreas polares de alimentación
en verano a áreas tropicales de reproducción
en invierno.
ALCANCE: todos los océanos.

ELEFANTE MARINO

DISTANCIA VIAJADA: 21.000 km cada año (machos)
y 18.000 km cada año (hembras).
MIGRACIÓN: salida a áreas de alimentación en
mar abierto, regreso a sitios de reproducción en
tierra en invierno.
ALCANCE: playas e islas alrededor de California
y Baja California, en la costa del Pacífico en
América del Norte.

SALMÓN ROJO

DISTANCIA VIAJADA:
más de 1.600 km contracorriente.
MIGRACIÓN: de mar abierto, río arriba a
aparearse y poner huevos en lagos y arroyos.
ALCANCE: Mar de Bering a Japón, Alaska
a California.

ANGUILA EUROPEA

DISTANCIA VIAJADA: hasta 8.000 km.
MIGRACIÓN: los adultos nadan desde los ríos de
agua dulce y lagos en Europa, cruzando el Mar
de los Sargazos al oeste del Océano Atlántico.
Las larvas flotan en las corrientes oceánicas de
vuelta a los ríos.

Migraciones aéreas

COLIBRÍ GARGANTA DE RUBÍ

DISTANCIA VIAJADA: hasta 6.000 km en cada dirección.
MIGRACIÓN: de áreas de reproducción de verano al este de América del Norte a áreas invernales en América Central.

ALBATROS VIAJERO

¡Plusmarquista! Envergadura más larga (3,5 m).
DISTANCIA VIAJADA: hasta 20.000 km.
MIGRACIÓN: puede circunnavegar el mundo alrededor de la Antártida, sobre el Océano Antártico, buscando comida.

MARIPOSA MONARCA

DISTANCIA VIAJADA: hasta 4.600 km.
MIGRACIÓN: entre zonas de reproducción al este de Estados Unidos y Canadá y sitios para descansar en invierno en México; también entre zonas de reproducción al oeste de Estados Unidos y lugares de descanso en California.

GRULLA BLANCA

DISTANCIA VIAJADA: hasta 4.000 km en cada dirección.
MIGRACIÓN: entre sitios de reproducción al norte, tierra adentro (el principal siendo el Parque Nacional Búfalo de los Bosques en Canadá) y sitios costeros invernales al sur (el lugar principal es el Refugio Nacional de Vida Silvestre Aransas, Texas).

MURCIÉLAGO DE LA FRUTA

DISTANCIA VIAJADA: hasta 2.000 km en cada dirección.
MIGRACIÓN: de áreas de reproducción a lo largo de África ecuatorial, hacia áreas al norte y al sur de África durante alrededor de tres meses, para alimentarse de frutas de estación.

ÁNSAR INDIO

¡Plusmarquista!
Altitud de vuelo más alta registrada.
ALTITUD DE MIGRACIÓN: más de 10.000 m.
MIGRACIÓN: sobre la cordillera de los Himalaya.

LANGOSTA DEL DESIERTO

DISTANCIA VIAJADA: los enjambres pueden viajar 130 km al día, en una migración que cubre miles de kilómetros.
MIGRACIÓN: desde su alcance usual en África subsahariana y el medio oriente, hacia las áreas que rodean África, Europa del Sur y Asia.

GAVIOTÍN ÁRTICO

¡Plusmarquista! Migración de aves más larga registrada (96.000 km).
DISTANCIA VIAJADA: alrededor de 85.000 km cada año.
MIGRACIÓN: entre terrenos de reproducción en el Ártico (durante el periodo de verano en el hemisferio norte) y la Antártida (durante el periodo de verano en el hemisferio sur).

Migraciones terrestres

CEBRA

DISTANCIA VIAJADA:
hasta 3.200 km cada año.
MIGRACIÓN: una ruta circular
siguiendo las lluvias de las regiones de
Serengueti y Masái Mara del este de África.

ÑU

DISTANCIA VIAJADA: hasta 3.200 km cada año.
MIGRACIÓN: una ruta circular siguiendo las
lluvias de las regiones de Serengueti y
Masái Mara del este de África.

OSO POLAR

DISTANCIA VIAJADA:
hasta 1.125 km cada año.
MIGRACIÓN: entre el Océano Ártico congelado
en invierno y la tundra del norte de Canadá,
Groenlandia y Rusia en verano.

CANGREJO ROJO

DISTANCIA VIAJADA: hasta 4 km en
cada dirección.
MIGRACIÓN: entre los bosques pluviales tierra
adentro y las costas de la Isla de Navidad en el
Océano Índico.

CULEBRA RAYADA

DISTANCIA VIAJADA: alrededor de
20 km en cada dirección.
MIGRACIÓN: entre las madrigueras de hibernación
y el hábitat pantanoso de verano.

LEMMING NORUEGO

DISTANCIA VIAJADA: hasta 160 km.
MIGRACIÓN: un aumento explosivo en cantidad
obliga a los lemmings a migrar a lugares nuevos y
menos poblados. Las migraciones ocurren cada tres
a cinco años.

CARIBÚ

*¡Plusmarquista! Migración más larga
de un mamífero terrestre.*
DISTANCIA VIAJADA: hasta 5.000 km cada año.
MIGRACIÓN: hacia la tundra en el norte durante la
primavera y hacia los bosques al sur en invierno.
ALCANCE: Canadá, Groenlandia, Alaska, norte de
Rusia y áreas de Noruega y Finlandia.

SAPO COMÚN

DISTANCIA VIAJADA:
entre 50 m y 5 km.
MIGRACIÓN: entre los sitios de
hibernación de invierno y
los estanques para reproducción.

ELEFANTE AFRICANO

DISTANCIA VIAJADA: varios
cientos de km.
MIGRACIÓN: con las estaciones en
la sabana africana, buscando comida,
agua o pareja.

PINGÜINO EMPERADOR

DISTANCIA VIAJADA:
hasta 160 km por viaje.
MIGRACIÓN: entre colonias de
reproducción en el hielo antártico
y áreas de alimentación en el océano.

IGUANA TERRESTRE DE LAS GALÁPAGOS

DISTANCIA VIAJADA: hasta 16 km en cada dirección.
MIGRACIÓN: hasta el cráter del volcán
La Cumbre, Isla Fernandina,
Galápagos, para poner sus huevos
en la ceniza volcánica tibia.